Images of the Mind 画说心理

你是什么颜色的

Hues of Being

人格心理学

亓毛毛　江湖边　杨 莉
著绘

Psychology of Personality

化学工业出版社
·北京·

图书在版编目（CIP）数据

你是什么颜色的 ：人格心理学 / 亓毛毛，江湖边，杨莉著绘. -- 北京 ：化学工业出版社，2025. 11.
（画说心理）. -- ISBN 978-7-122-48900-5

I. B848-49

中国国家版本馆CIP数据核字第2025RP7761号

责任编辑：王　越　赵玉欣　　　　装帧设计：尹琳琳
责任校对：杜杏然

出版发行：化学工业出版社
（北京市东城区青年湖南街13号　邮政编码100011）
印　　装：北京新华印刷有限公司
880mm×1230mm　1/32　印张$4^{1}/_{2}$　字数90千字
2026年2月北京第1版第1次印刷

购书咨询：010-64518888　　　　售后服务：010-64518899
网　　址：http://www.cip.com.cn
凡购买本书，如有缺损质量问题，本社销售中心负责调换。

定　　价：29.80元　　　　

主创

漫画文案：

漫画绘制：

创作团队

心理学漫画作者，插画师，
曾制作出版心理学漫画书
《猫和狗的生活哲学》
《这一次，让我紧紧抱住你》。

独立撰稿人，
心理学编辑。

独立执业心理咨询师，
北京师范大学临床与咨询心理学硕士，
曾任某三甲精神科医院进修心理治疗师，
心理科普创作者。

自由撰稿人，
住在海边的“I人”。

自由撰稿人，
北京师范大学心理学部在读。

前言

对我而言，心理学是一门很令人着迷的学科，它给我的生活带来了很多切实且巨大的帮助：

- 从害怕当众演讲，到即使一边哭一边说也想试着与大家交流；
- 从情感隔离，到开始慢慢学会观察自己的身体表达与内心感受；
- 从无节制地情绪性消费，到想真正爱自己、努力为自己计划幸福的生活；
- 从与母亲整日崩溃地大吵，到愿意迈出一小步，多理解对方一点点；
- 从被职场折磨深感痛苦，到看清事情本质不再总怪自己；
- ……

心理学没有使我变得完美，但它使我变得愿意欣赏不完美的自己！同时，我变得内心更有韧性、变得更舒服、更愿意往前一点去了解更大的世界。

所以我总是迫不及待地希望它能被更多人知道。希望它同样能给我的朋友、伴侣、亲人带去些生活的慰藉，增加一个了解自己的方式。

我不间断地以漫画形式表达心理学的思维、观点、知识已有八个年头了，漫画这种承载形式让我欣喜若狂，因为它可以让文字变得生动易读，让可阅读人群变得更广泛，让心理学这门对生活有直接帮助的学科更容易被理解与接受。

所以当与温柔的编辑老师一拍即合，确定下来我们要一起做这套涵盖生活多方面主题的心理学漫画书时，我简直开心到想狂奔！

这套书中的主人公们正如生活中的我们，在不同场景下有着各种各样不同的小烦恼。也许你会在其中看到自己的影子，或者身边人的影子。如果你有类似的烦恼，并可以从这套书中收获一些启发，那真是太棒了！

不过我们也想再提醒一下：心理学可以作为理解自己和他人的工具，但我们不应据此标签化自己或他人。

下面我来向你介绍一下这套心理学漫画吧！我们通过区分生活中的不同场景，把它分为了七个不同主题。不分先后顺序，每个主题讲述10个左右生活中常见的话题。你可以选择全部阅读，也可以选择感兴趣的场景或话题单独阅读：

- 《打工人已上线：职场心理学》包含不想上班、拖延、“躺平”、心理弹性、“工具人”、渴望退休、“空心病”、愚蠢而不自知的人、中年危机、有效休息等话题；
- 《圈子中的你我他：社交心理学》包含道歉与原谅、玩手机停不下来、内向性格、边界感、朋友间的占有欲、“搭子”文化、深度支持、“拉黑”、关系质量等话题；

- 《是心动呀：亲密关系心理学》包含完美爱情、依恋模式、财务健康、情感操纵、嫉妒、“自杀式”单身、救世主情结等话题；
- 《你是什么颜色的：人格心理学》包含社交恐惧、过度依赖、自恋、完美主义、高敏感、讨好、冒名顶替综合征、表演型人格、暗黑人格、MBTI等话题；
- 《局部有雨，多云转晴：情绪心理学》包含被动攻击、非暴力沟通、情感冷漠、情绪颗粒度、抑郁、悲伤、羞耻感等话题；
- 《快乐多少钱一斤：琐事与幸福心理学》包含与宠物相处、金钱观念、匮乏感、怀念过去、偶像“塌房”、主动熬夜、囤积、重新养育自己等话题；
- 《你的心事，心理学听得懂》关于心理学和心理咨询两大领域的概貌，包含原生家庭、心理学标签化、如何寻得合适的心理咨询师等话题。

你可以在这套漫画书中了解到：日常生活中的很多现象为什么会发生？我的朋友为什么会那样做？人和人的选择为什么差距那么大？他怎么了？我怎么了？当你希望获得心理帮助时，需要注意什么、避免什么？面对xx问题我可以怎么做？……

心理学虽不是万能的，但心理学的思维可以给生活带来很大帮助。

希望你阅读旅途愉快！生活旅途顺利！人生旅途尽兴！

心理学漫画师：亓毛毛

目录

厌人，勿扰：聊聊社交恐惧

●"社恐"真的是一种病吗？

真正的社交恐惧症不是内向或害羞，也不是缺乏社交技能，而是一种可能引起严重痛苦的疾病；这种痛苦可能让人睡不着觉，也没有办法上学和工作。

不过，大部分人的"社恐"只是表现得有点内向，不等于"社交恐惧症"。在社交情境下感到焦虑，害怕自己的言行会招致负面评价，主动回避社交——这是更广泛意义上的"社交恐惧"的定义。

• “社恐”的成因

社交恐惧是遗传、生物学因素和心理因素共同影响的结果。

1 对他人评价的焦虑

童年被严苛地对待、身处逆境甚至遭受虐待是社交恐惧的一类风险因素。患者总是希望获得别人的好评；当不确定自己能否获得好评的时候，甘愿牺牲社交互动。

这种焦虑和不自在可能与童年期父母、老师、同学对自己的审视，甚至排斥、欺侮有关，以致一直处于一旦犯错就会被嘲笑的危机感中，难以放松、自然地在人际关系中展示自己。

2 遗传因素

亲子研究证明，高度社交恐惧者的子女“社恐”的概率是低社交恐惧者子女的3倍多；双生子研究也表明，同卵双生子在社交恐惧上的相似性显著高于异卵双生子，这说明社交恐惧症具有遗传性。

3 潜在特质：行为抑制

社交恐惧也与一种叫作“行为抑制”的特质有关。

行为抑制是由心理学家卡根（Kagan）在1988年提出的概念，描述的是孩子在面对陌生刺激（比如进入陌生环境、见到陌生人）时表现出一种拘谨、紧张、害羞的气质或行为反应。

而行为抑制度高的孩子，更容易受到外部环境的影响。

4 生物学因素

大量研究表明，社交恐惧和大脑中一种叫“五羟色胺”的神经递质分泌异常有关，并伴随着下丘脑－垂体－肾上腺轴反应性低下。

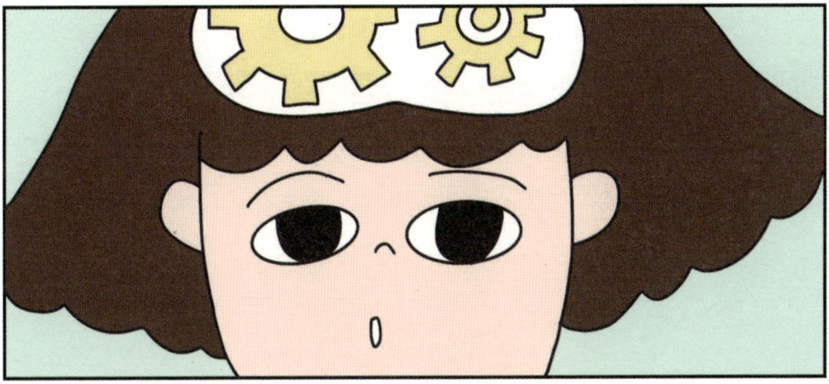

5 低自尊，害怕负面评价

有社恐倾向的人常常伴随着低自尊、对批评过于敏感的特征。

如何改善社交恐惧？

社交恐惧症的临床治疗主要使用暴露疗法。由专业人士在安全的环境中，由弱到强地向人们展示令其感到威胁的情境。

比如起初在想象中进行社交操练，然后可以去实际地认识一个陌生人，接着尝试在一个人面前演讲。

通过逐层暴露，你也许会发现自己所担心的事情都没有发生。在这个过程中，你逐渐提高了对负面情绪的耐受度，不再那么恐惧，变得更擅长与自己相处了。

● 如何在日常生活中改善社交恐惧？

1 增强自我价值感：不完美也可以

社交恐惧的人常常受困于完美主义幻象，认为只要XXX就不会被讨厌。但他们真正需要的是，放弃活在他人的眼光和期待中，接纳自己作为一个人，存在真实而珍贵的瑕疵和不完美。

即使不完美（每个人都不完美），也是有价值的。正是不完美，使人变得真实、变得可爱。不完美，正是让一切美妙人际联结发生的开关。

2 觉察负面思维，停止自动化反应

社交恐惧的人倾向于过分关注自己大脑中的负面想象。

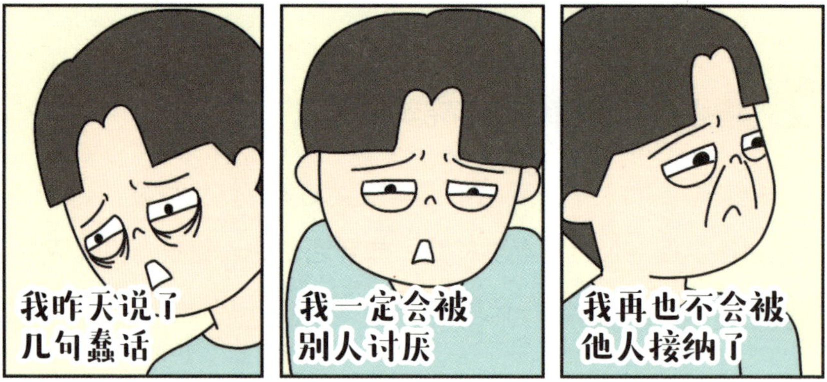

每当你脑中出现了这样的自动化反应，可以试着停一下，问问自己：我焦虑的问题是事实吗？有什么证据？是不是还有别的可能性？

3 练习积极自我对话

社恐的人通常自我意识较强，会强迫性地想象自己活在别人的眼光中，别人对自己的一举一动都很在意，时刻准备给自己打负分——尽管这与事实不符。

如果无法停止这样的想象，可以在不那么焦虑的时候，练习积极自我对话。

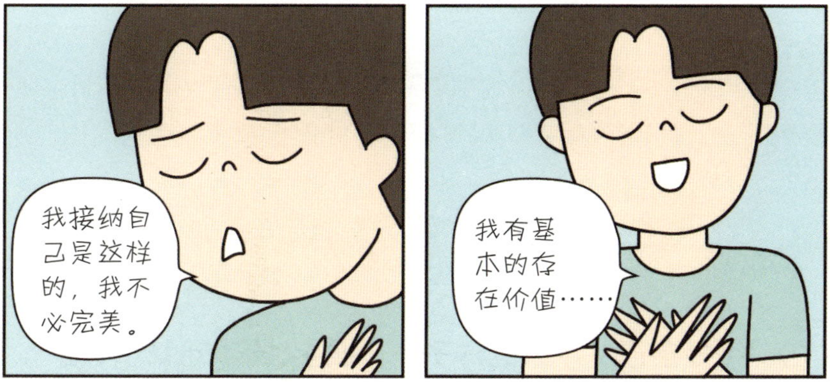

即便被拒绝或遭受了负面评价，也可以这样练习。因为对社交恐惧的人来说，比起别人拒绝时说了什么，被拒绝后他们对自己说的话才是更残忍的。

4 尝试打破刻板的“正确”或“正常”，发一次“疯”

如果你想让自己在社交时变得更舒展，可以先试着做一件自己十分害怕的事。

这可能意味着：让别人失望一次，或者拒绝一次他人的不合理要求——对社恐的人来说，“发疯”可能仅仅意味着有勇气做一个普通人，有一定的自我照顾能力。

5 接受自己“本来的样子”，诚实地告知朋友/伴侣

社恐的人并不缺乏社交技能，而是缺乏自我接纳。当你接纳自己“是这样”后，可以尝试进行一些真诚的自我暴露。

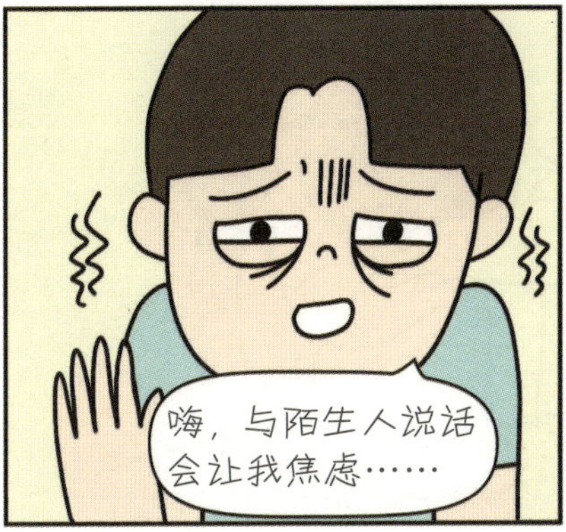

如果你担心自己不知道该聊些什么，可以提前准备一些话题。

● 内容拓展：DSM-5中的社交恐惧症

社交恐惧症患者的核心特征是：在可能面临社会评估的情况下，感到过度的害怕、屈辱和尴尬。他们恐惧一切自认为“可能会丢人”的事情，且这些“丢人的事”会引起他人的负面评价。

具体到症状，每个人都可能不同。比如：脸红恐惧（害怕自己一说话就脸红）、余光恐惧（害怕自己眼睛的余光影响别人，引起别人的反感）、对视恐惧（害怕直视陌生人的眼睛）、异性恐惧（无法与异性正常交流）等等。

根据《精神障碍诊断与统计手册》第五版（DSM-5），社交恐惧症（也叫社交焦虑障碍）的概括性特征是：

（1）在需要面对他人审视、打分或评价的场合，产生强烈的恐惧或焦虑。

比如，害怕在他人面前演讲、和别人一起吃饭（被观看）、社交互动（见陌生人）。

（2）害怕自己的言行举止（或自己呈现的焦虑症状）会导致负面评价，比如被拒绝、被嘲讽或被忽略。

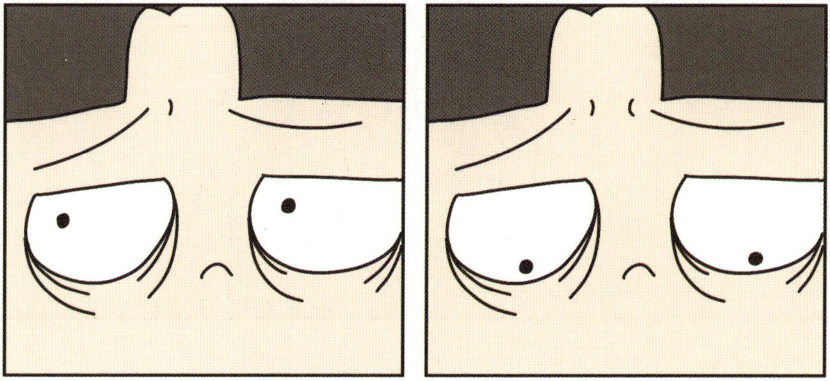

（3）主动回避一些社交场合或人群聚集的地方。

（4）当不得不出现在社交场合或在众人面前表演时，出现典型的焦虑症状。

在做出“社交恐惧症”的诊断前，这些症状需要持续至少六个月，且这种焦虑和恐惧需要引起临床意义的痛苦，或导致社交、职业或其他重要功能方面的损害。

心理锦囊

对社交恐惧的人来说，

“完美自我”常常是一种诅咒。

请对自己说：不要成为更好的自己，

只要更好地成为自己就够了。

凡事不敢自己拿主意：过度依赖是一种病吗？

• 什么是依赖型人格?

有依赖型人格的人，倾向于在情感上过度依赖和取悦他人，过度需要他人照顾、害怕分离、缺乏自主能力，甚至通过顺从他人的不合理要求来维持关系，在人际关系中展现出一种普遍的被动性。

他们黏人，缺乏自尊和自信，不相信自己有做决定的能力。因为害怕让人失望或遭到抛弃，他们愿意将别人的需求置于自己的需求之上，因此有依赖型人格的人常常发现很难“成为自己”，也很难离开一段被利用和剥削的关系。

• 依赖型人格的成因

1 没有好好依赖过大人的孩子，就很难走向独立

心理学家巴里·温霍尔德（Barry Weinhold）等人所持的一种“发展创伤”观点认为，成年期过度依赖他人，与早年未被处理的发展创伤有关——在婴幼儿时期，孩子的基本需求遭到长期和频繁的忽视。比如生病了不被照顾，难受了不被安抚。

未曾与养育者建立牢固联结的孩子，就无法与养育者好好分离，以实现心理上的成熟和独立。他们用被动性来控制他人，源自无意识中想要完成未得到满足的情感联结的渴望。

2 早年未经历过“健康的分离”，以至于不能耐受被独自留下的挫折，并在成年后过度依赖他人

发展心理学家让·皮亚杰（Jean Piaget）认为，孩子在三岁前会发展出一种“客体恒常性”的认知功能。即：孩子能够感受到，即使有些东西不在视线范围里，它们也是存在的。比如，“虽然父母离开了我的视线，我也知道他们是爱我的”。

这样的婴儿可以发展出“客体”的认知概念，知道父母是不同于“我”的存在；也可以耐受一段被独自留下的挫折时光，而不是感到被抛弃、被无视。

但孩子如果完全没有分离体验（始终与养育者在一起从未分开），或是遭遇了创伤性分离（比如突然被放到陌生亲戚家中寄养），他们的客体恒常感就会遭到破坏，以至于成年后过度依赖他人。

3 社会文化的塑造

一些社会文化系统擅于培养“依赖权威”和“不独立”的人。例如：设置严格的等级制度，崇尚权威，强制服从。

● 如何戒掉过度依赖？

1 积极地自言自语

过度依赖者不相信自己有做决定的能力。当你面对一个很难下决定的日常事件时，觉察耳边响起的那些消极和否定的声音，尝试用积极、肯定的自我暗示来取代它们。

2 为自己安排一些独立的时间来思考感受和需求

可以尝试每天跟自己待一会儿，把重心放在“我想要什么”“我感觉如何”上，而不是专注于他人的感受和需要。这有助于你发现自己是谁，并意识到：我不需要寄生在任何关系中，我不是谁的“挂件”，我自己本身就是一个独立而完整的存在。

3 成熟的爱可以打破依赖

安全、成熟的关系有利于你练习直接提出需求，而不必担心被忽视或被贬低，即使被拒绝，也不必担心对方抱有敌意。一段健康、平等的关系，可以帮助你培养出自我独立的意识，发展心理边界感。

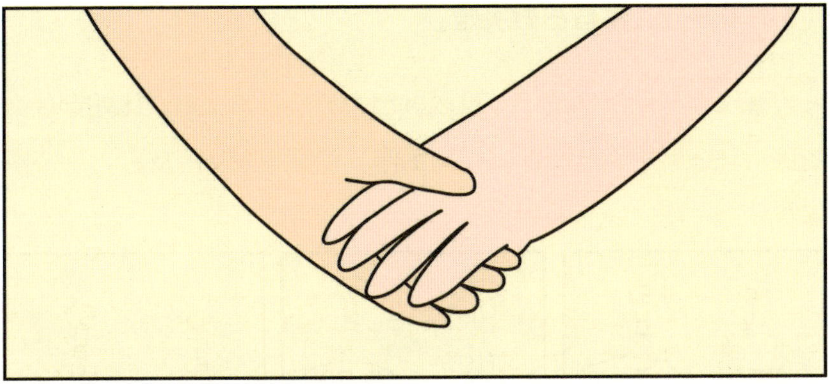

与你建立积极关系的人可以是安全型依恋的伴侣、值得信任的朋友或师长，或者是专业的心理咨询师。

• 内容拓展：DSM-5中的依赖型人格障碍

当对他人的依赖到达强烈的、极端的程度，可能会进入DSM-5所定义的“依赖型人格障碍”的描述范围。它有8种常见表现：

（1）需要他人帮自己做决定。

在没有帮助的情况下，难以做出大部分日常决策，比如穿什么衣服、住在哪里、选择什么样的工作、和哪些人交朋友。

（2）长期及过度需要他人的肯定和照顾，并担心被拒绝或被抛弃。

（3）由于害怕失去支持，难以表达分歧。即便内心不同意也常常附和别人。

（4）即使遭遇了情感或身体虐待，也要竭尽全力地留在关系中，会自愿做一些不愉快的事以维持关系。

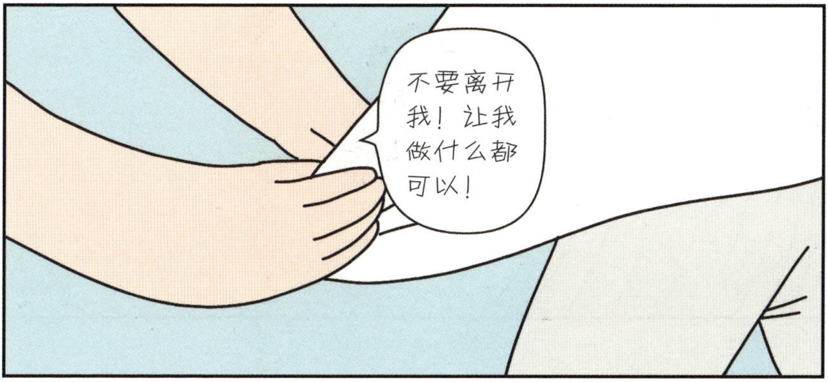

（5）躲避工作责任，很难独立工作或独自负责一个项目（因为缺乏判断能力和自信，而不是缺乏动力或精力）。

（6）独自一个人的时候感到无助和不舒服，恐惧于无法自我照顾。

（7）自我贬低，认为他人更有能力。

（8）当一段关系面临结束时，会急切地寻求另一个人来照顾和支持自己。

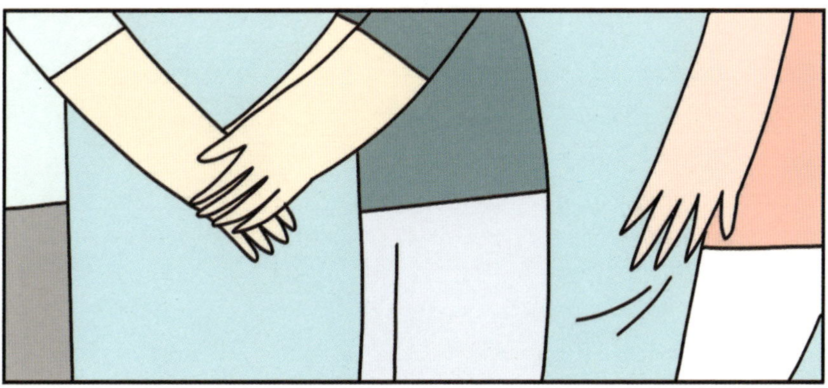

心理锦囊

能为自己的选择承担责任，

意味着你要直面两件“恐怖”的事情：

1. 你成熟了；

2. 你是自由的。

自恋与自恋型人格

• 什么是自恋型人格？

自恋型人格最核心的特征是：对自我重要性的夸大和对他人同理心的丧失。

他们陶醉于自我，具有强烈的自我理想化倾向：认为自己是杰出和伟大的，比其他人都聪明或优秀。

自恋者很少有换位思考的能力。他们只是将他人视为达到目的的手段和工具，并常常对对方要求过高。

矛盾的是，在夸大的行为之下，往往掩藏着自恋者脆弱的自尊。虽然他们总是怀着自己无所不能的伟大幻想，但他们对自己的评价在很大程度上依赖于别人的眼光，他们靠将一切理想事物融入虚假自我来生活。

精神分析师奥托·肯伯格（Otto Kernberg）认为，自恋者表面上是自爱，实际上是自恨。这种深藏的自卑感，才是自恋者真正需要处理的问题。

● 自恋型人格的表现

（1）高估自己的能力，夸大自己的成就和重要性。比如明明没有为团队做出什么贡献，却觉得自己应该被选为“MVP”（最佳成员）。

（2）高傲自大，有强烈的优越感。要求别人吹捧自己，顺从自己的期望。

（3）认为自己是特别的、独一无二的，只有“同样特别”或权力地位高的人才能理解自己。

（4）处处希望得到不合理的特权和优待。

（5）习惯在人际关系中剥削其他人，把别人当作达成自己目的的工具，并只与那些“对自己有用”的人交往。

（6）缺乏同理心，认为他人的感受和需求不重要。又总是长篇大论地说自己关心的事，或事无巨细地描述自己的生活感受。

（7）经常嫉妒别人，也经常觉得别人在嫉妒自己。

（8）幻想自己拥有很大的成功或很完美的爱情。

人格是遗传、创伤、环境和社会因素的总和，人格不是固定不变的。从健康自恋、自恋倾向到自恋型人格障碍是一条连续谱，若涉及精神科诊断的部分，需由专业人士评估。

• 如何避免形成自恋型人格？

1 “自恋”并非坏事，它指引我们成长

与自恋型人格不同，“自恋”本身是人的基本需求，也是自爱的一种表现，它对一个人自我意识的形成和生活的整体发展至关重要。

比如，我们想成为一个厉害的人，认为自己配得上拥有某些好东西——这些理想背后，是自恋在驱动我们努力成长。

2 从孩童般夸大、全能的自恋状态中脱离

在精神分析师海因茨·科胡特（Heinz Kohut）对自恋的经典理解中，婴儿在生命的早期阶段处于一种夸大和全能的自恋状态。在这种状态下，婴儿认为自己是宇宙的中心，能够控制周围的一切，包括养育者。

这些“自恋被满足”的体验，是一个孩子学习情绪调节的模版。孩子会在被安抚的过程中，学会如何自我安抚。

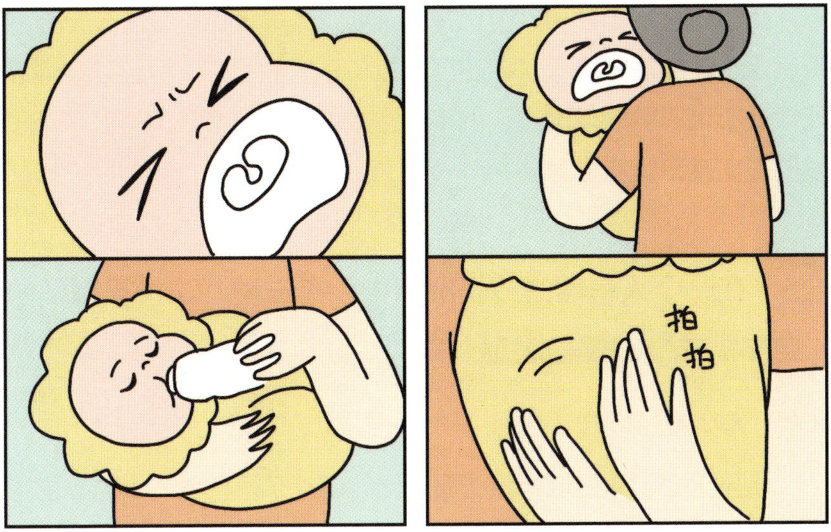

并且，在“足够好”的养育环境中，婴儿的全能自恋感会逐渐得到现实的纠正。

孩子开始逐步意识到自己并非全能，养育者也不会总是无条件地满足自己的需求。孩子会感到挫败和理想的破灭，但这种挫败感如果处于可忍受的范围内，就不会造成创伤。这些经历有助于孩子发展现实感和适应能力。

3 在一个人早期的成长经历中，有三种“正常且重要的自恋需求”需要被满足

（1）养育者的肯定（镜映）

当孩子做了值得被肯定的事（比如完成了一件手工）时，能得到爸爸妈妈的表扬。这可以帮助孩子建立起自我价值感和自信。

（2）有可以崇拜和模仿的偶像（理想化）

每个孩子都需要一个榜样，一个他们可以仰望和学习的人。这个人可能是爸爸、妈妈、老师或者某个名人。这能帮助孩子形成目标和追求。

（3）跟某个重要的人有共同点（孪生）

孩子需要体验到与养育者或某个重要他人的相似感，可以是相似的兴趣、风格或者价值观。这种找到共同点的感觉，就像是找到了一个双胞胎兄弟或姐妹，它帮助孩子获得归属感和认同感。

当这三种需求被适当满足时，孩子会感到被爱、被理解和被接纳，这有助于他们发展出健康的自恋——一种对自己的积极感受，而不需要过度寻求外界的认可和赞美。

健康自恋的人能够平衡自我价值感和对他人的关心，他们不会因为缺乏外界的肯定而感到不安。

如果一个成年自恋者依然想方设法地得到外界肯定，依靠他人来弥补虚弱的自我，或强烈地嫉妒别人，认为别人拥有的东西本该是他的——这些想法和行为，本质上是在寻找早年发展中没能得到的共情反馈。

童年没有得到的，长大后就会一直寻找。

心理锦囊

自恋的人总是在

“非理性的自我高估”和“非理性的自卑”

之间摇摆不定，

依赖别人赋予自己自尊和价值感。

居高临下也好，

嫉妒他人也好，

自恋者的行为，

皆是为了寻求人格完整和一种被爱的感觉。

恭喜，
身体测评98分！
你的身体
很健康哦！
为什么
我只有
98分，
而不是
100分？
为什么我
的PPT
里有个错
别字？
我居然犯这么
低级的错误？

明天就交稿了，
你画完了吗？
还没，我
要想出最
优方案！

总是追求完美该怎么办？

● 什么是完美主义？

完美主义是一种为自己和他人设定不切实际的高要求、高期望的倾向。它并不是一种正式的疾病诊断，但完美主义者常常缺乏安全感、低自尊和过度焦虑。

从本质上说，完美主义者认为只有“完美版本的自己”才值得存在、可以被接纳。

● 完美主义人格的特征

（1）存在思维上的认知偏差，只关注事情没做好的部分，忽视积极的、做得好的部分。

（2）追求“零缺点”的境界，对事情的结果有不合理的高期待。

（3）对自己和他人极度严厉，可能造成人际关系紧张。

（4）拖延：因为对作品有太高的期待，而迟迟无法完成。

（5）恐惧失败，对负面评价敏感。

（6）自我设限。如果自己不擅长某事，便不愿意开始。

• 完美主义的成因

1 人格中的神经质倾向

神经质是一种经常体验到负面情绪的气质倾向，比如常感到焦虑、易怒、情绪不稳定。

神经质的形成是由遗传和后天环境共同决定的（科学家们目前并未完全阐明）。

人人都有一点神经质，但完美主义者通常偏高。

2 早年与过度控制、难以取悦的养育者一起生活

完美主义常见于童年被过度控制的孩子，以至于孩子认为，只有当自己表现完美时才能避免被批评和拒绝，才能得到养育者的爱和接纳，以此来修复绝望和羞耻的感觉。

从这个层面来说，完美主义是孩子实现自我控制的一种努力，也是从创伤中发展出来的保护性铠甲。

3 僵化的思维模式：非黑即白、以偏概全

相信人的能力是一成不变的，任何失败都意味着自己能力不足。

这会使人畏惧失败和挑战，时时刻刻试图维持“我是能干的”这一形象，从而助长完美主义。

4 自我价值条件化：“如果我不成功，我就没有价值”

考100分、买车买房、从不犯错，这些本是外界的期待，但在成长过程中，它们被内化为我们评判自己价值的标准，使我们不断通过自我剥削来满足这些不合理的高要求。

完美主义者认为，只有当自己达到这些标准时才是“好的”、值得被爱的，而达成目标的过程中，自己内心的痛苦不重要。

● 如何应对自己的完美主义?

1 承认和庆祝自己（和他人）做得好的部分

通过日常练习来觉察自己对于完美的非理性信念，学习观察自己和他人做得好的部分，将“表扬”当成一个重要的待办事项。

2 采纳成长型思维，勇于接受不完美

人的能力是可变的，失败并不意味着我们不行，可以将失败看作一次成长的机会。

在工作和学习中，学习“先做一版‘垃圾’”，再去迭代，把对结果的管理转换为“对过程的管理”。

3 练习正念，享受过程

正念指有意识地、不加评判地觉察自己，专注于当下。

当我们尝试关注自己当下内心的情绪、身体的感觉和大脑中完美主义的思维模式时，对于“结果”的强迫性担忧就会减弱。

4 练习无条件地自我接纳

无论自己是否成功、是否达到期待，都爱自己。

这并不意味着放任自流，而是怀着爱自己的态度生活。

心理锦囊

人不是因为完美而被爱的。

一个人也可以因为

“具有真实的瑕疵”而被爱。

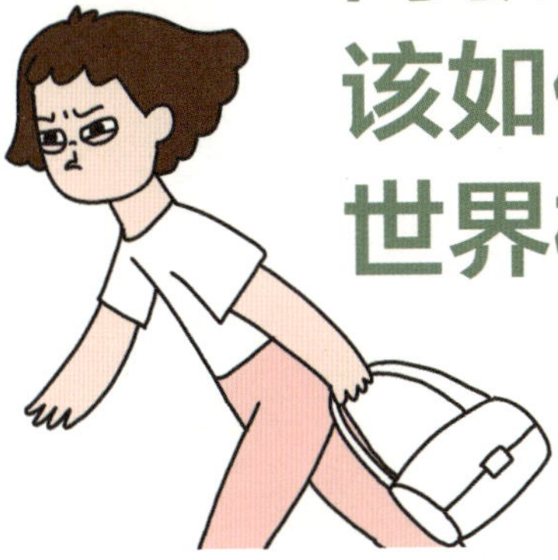

高敏感的人该如何与世界相处？

• 什么是高敏感人格？

高敏感是一种先天的人格特质，大约影响20%的人，男女分布差不多。

它有三大特征：

1 感官灵敏且倾向于深度加工

高敏感的人能捕捉到更多“细枝末节”，还容易把注意到的方方面面的信息、感觉或意识整合在一起，想得更深。

2 易被过度刺激

高敏感者 普通人

由于感受到的东西多，又倾向于深度加工，所以相对于普通人，高敏感者摄取信息后大脑“容量过载”的时间更长。

3 对刺激的反应更强烈

看到电影里的惊悚/血腥画面时 遇见美好的事物时

高敏感的人对事物有更强的情感反应，需要更长时间来克服这些强烈的情感。他们常常需要处理更高水平的情感痛苦（比如愤怒、悲伤、羞愧或焦虑）。同时，他们对美好、愉悦、感恩、平静、幸福、同理心的感知也更强烈。

• 高敏感的人常有哪些表现？

（1）对光线、声音、气味、温度的反应大。

（2）更能欣赏美的事物和文艺作品。

（3）进行高强度社交后，很难睡着。

（4）别人的言外之意总会被特别尖锐地放大几倍，然后住进听者的内心。

（5）通常能比别人注意到更多信息。

（6）擅长深度思考，不喜欢闲聊或表面的关系。

（7）持续摄入信息时，经常需要暂停休息。

（8）喜欢独处，需要更多一个人的时间。

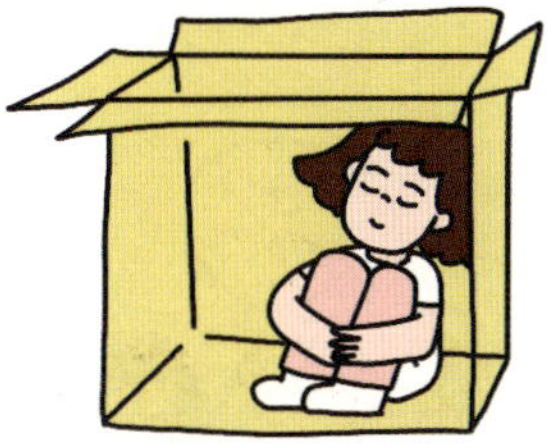

（9）回避那些容易被过度刺激的场合。

（10）总是被评价为“害羞”。

● 高敏感不是病

高敏感是一种先天的人格特质。

近年来的研究发现，高敏感特质存在环境易感性。简单来说，高敏感的人容易内化环境对自己的影响。

在总是受到打压的环境中，高敏感的人会愈发地表现不佳。

接纳高敏感特质的环境，会让高敏感的人“茁壮成长”。

全面地看待高敏感特质，就有机会利用其有利的部分为自己赋能。

高敏感人通常可以更好地利用（而非压制）直觉，可能更适合做一些需要创造力和想象力的工作。

高敏感也是一种领导型特质，因为他们能敏锐地察觉别人的需要，对他人的同理心更强，思考也更为深入。

● 如何发挥敏感天赋？

1 针对性地进行自我照顾

人与人之间的高敏感表现存在一定差异，确定日常生活中的哪些方面容易使你受到刺激是很重要的。

2 花点时间筛选社交关系

- “这个饭局太浮于表面了，我还是节省精力别参加了。”
- “这个朋友我好喜欢，多约几次，培养亲密感。”

3 管理自己过度思考的倾向

- 区分事实和感受，多关注积极的方面。
- 避免时刻猜想别人的动机。

4 跟亲近的人解释高敏感需要什么

- “我现在没电了，出去静静休息下。”
- “周末我要留一天时间独处哦。”

5 尽量为自己打造一个不那么刺激的环境

- 随身携带降噪耳机和耳塞。
- 维持让自己感到舒适的生活秩序（睡觉、散步、爱好）。
- 在高强度工作中，设置小额多次的休养时间。

6 知道自己何时应该寻求帮助

- 约好朋友见个面。
- 跟心理咨询师聊聊。

心理锦囊

高敏感的人，就像一台需要细心调试的精美乐器。

高敏感不是缺点，也不需要纠正。

高敏感人要做的，其实是正确抵达自己。

为什么我总是忍不住讨好别人？

“这都是我的错”“不怪你”“我怎么样都可以”……总是有如此“好人”发言的人，很可能有“讨好型人格”。

• 什么是讨好型人格?

简单来说，讨好型人格是指一味地讨好他人而忽视自己感受的沟通姿态*。

当我们讨好他人时，会不顾自我感受，不顾自身利益，将自己的权利交给他人。甚至不管对方是否有恶意，来者不拒。

---

*沟通姿态，是指人们在与他人交流时表现出的态度和行为方式。

当我们成功取悦某人时，我们会感到开心和满足，觉得自己是有价值的。

• 讨好型人格的具体表现

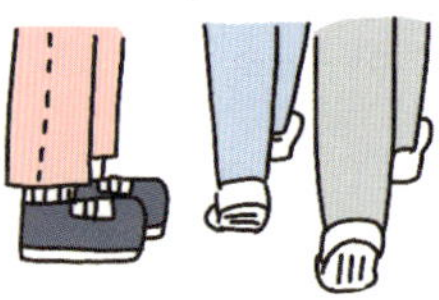

习惯性让步

很难开口拒绝

为满足他人需求而忽视自己的需求

过度和善

总在说抱歉

为别人的错找借口，希望避免冲突

• 为什么忍不住去讨好别人？

（1）缺乏安全感，潜意识里认为如果不再取悦他人，就会被抛弃，就不会再被爱。

（2）担心如果让对方失望，会有惩罚或不好的事发生。比如被解雇、被排斥、不再被当作朋友。

（3）不知道自己是不是值得被爱，无法给自己认可。只有被别人喜欢，才能喜欢自己。

这些感受可能源于早期的关系。父母给的爱是有条件的，孩子必须想办法争取，才能被爱。

● 讨好能带来什么好处？

（1）冲突的发生，代表着讨好行为的失败，因此有讨好型人格的人与他人发生直接冲突的概率很低（甚至会充当和事佬）。

（2）讨好也是在散发友好信号，特别是在社交初期，温柔善良的人能给人留下好感，也会很容易交到朋友。

● 过度讨好有什么坏处？

（1）可能因身边人的状态不好而焦虑。

（2）过于希望得到外界认可，以至于放弃自己的需求。

（3）当被要求做某事时，几乎不会拒绝。

（4）可能会感到悲伤、焦虑、不满、压抑、无助、哀怨……

（5）可能连自己都没意识到，也希望别人能对自己好。

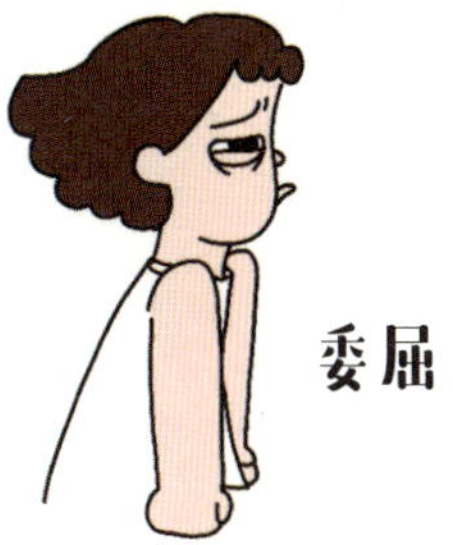

（6）会被不太仁慈的人欺负，比如被利用做很多事。

• 如何停止讨好他人？

如果你觉得讨好型人格对你没有什么影响，那就这样也可以。

如果你觉得这对你造成了困扰，也许可以试试下面这些方法：

1 试着了解自己

问问自己：什么是真正重要的？为什么渴望被喜欢和夸赞？想获得什么？

2 自我同情

你需要知道自己的哪些需求是重要的，是不应该一再妥协和被无视的。

3 学着分辨自己与他人的边界

他人的哪些需求是在合理范围内的？哪些是无理的要求？

4 你不需要一直照顾别人

等待对方寻求帮助，你不用为他人的感受和行为负责。

5 练习向他人寻求帮助

尝试信任别人，即使你脆弱的时候，依旧会有人爱你。

6 善意、坚定和充满爱地让别人失望

对超出你能力的事情说“不”，并忍受别人的失望带来的不适。

心理锦囊

让别人失望很难，

练习新技能很难，

习惯把自己放在第一位很难，

但它们都很重要。

祝你能理直气壮地说“不”。

别夸我了，我不配：冒名顶替综合征

为什么不论别人如何夸我，我都觉得自己不配？

• 什么是冒名顶替综合征？

“冒名顶替综合征”（impostor syndrome）的规范医学名称为“冒充者综合征”，又称“卡普格拉综合征”，它并不是精神疾病，而是一种心理体验。

1978年，临床心理学家波林·克兰斯（Pauline Clance）和苏珊娜·艾姆斯（Suzanne Imes）在成功人士身上发现了这种现象。表现为：即使获得了一些成就，也认为自己能力不足，仿佛在欺骗别人，害怕有朝一日被人发现“真相”。

一个有典型冒名顶替综合征心态的人在完成一项任务时，可能会出现以下的心理循环：

（1）心中满是焦虑、自我怀疑等情绪。

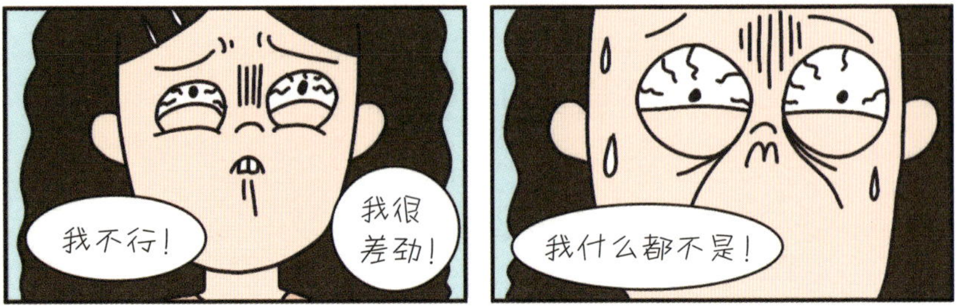

（2）过度准备，想要确保万无一失。

（3）不断拖延，回避截止日期。

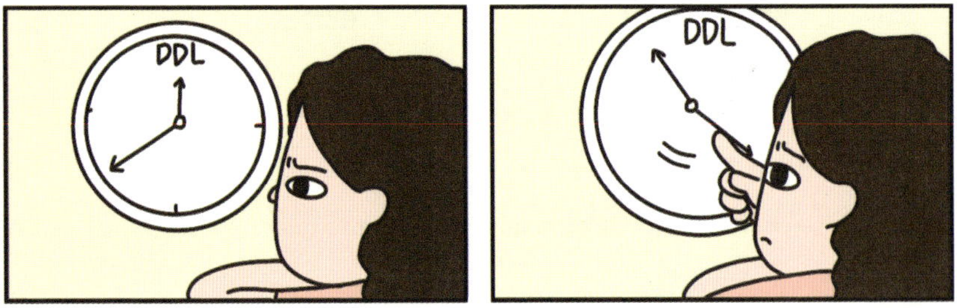

（4）完成任务后，短暂松一口气，但很快又陷入新的怀疑，将自己的成就归功于努力或运气，而不是自己的能力。

（5）欺骗感增强，觉得别人的夸奖也是在骗自己。

（6）遇到下一个任务时，焦虑和自我怀疑又回来了，循环重新开始。

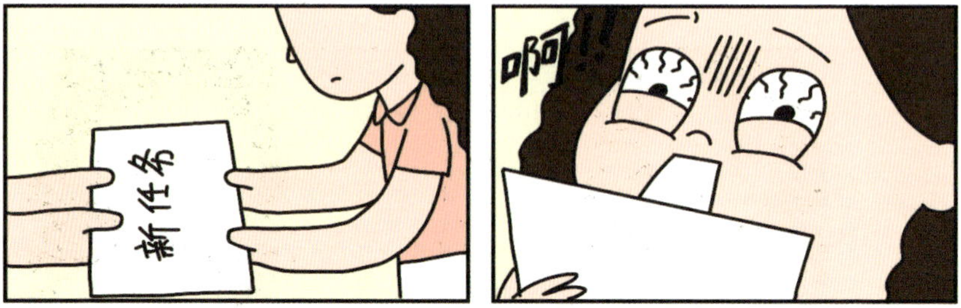

冒名顶替综合征通常会导致自我设限。比如：为了不被别人发现自己是冒名顶替者而不愿意尝试挑战新的任务，或一直拖延应该完成的任务。

冒名顶替综合征伴随的低配得感，也会对心理健康和人际关系造成负面影响。

• 冒名顶替综合征的成因

1 完美主义

完美主义特质与冒名顶替综合征高相关。因为完美主义者通常有较高的自我要求和“非黑即白”的思维方式。当无法达到自己的要求时，他们会自我批评，认为自己是失败的，配不上外界的夸赞和肯定。

2 不良的养育方式

如果父母在孩子取得成就后不是给予肯定，而是说“只是运气好罢了，不要骄傲，下次继续努力”“这算什么，看看别人家的孩子多好”，这可能会导致孩子从小形成对成就的错误归因风格，并强化“我是个失败者，我永远无法满足别人期待”的自我概念。

• 如何应对自己的冒名顶替综合征？

1 强化积极感知

有冒名顶替综合征的人，通常更关注自己的错误和不足，忽视自己的成就，这种认知偏差会让人低估自己的能力。

试试看，在纸上写下自己的100次成功。这有助于我们意识到“原来我已经做到过这么多事情！”

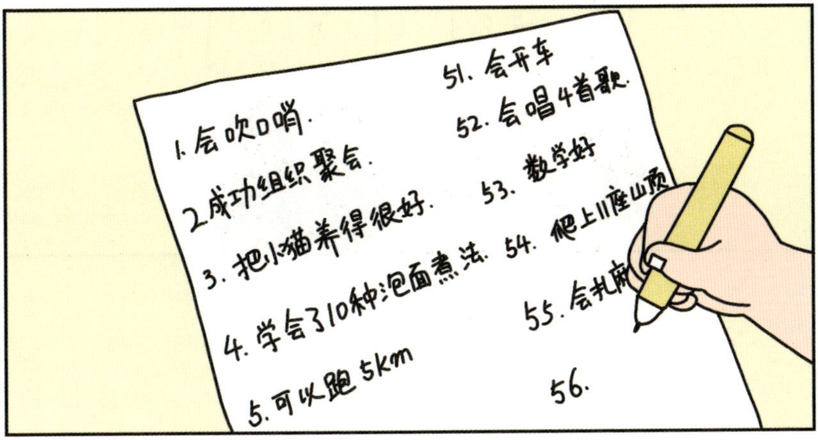

不用担心写不到100次，学会骑车、游泳、阅读、九九乘法表也算成功！

2 自我同情

研究表明，“冒名顶替”的心态会随着自我同情水平的增加而减轻。自我同情的意思是：意识到世界上不仅自己一个人有冒名顶替感（连爱因斯坦都觉得自己被过誉了，并把自己看作“无意的骗子！”）。

请用欣赏的眼光看待自己已经取得的成就，而不是自我批评。

3 拥有“让别人失望”的勇气

有冒名顶替综合征的人，可能会非常害怕被别人发现自己能力不足。但实际上，人就是不完美、需要从犯错开始慢慢进步的生物，在这个过程中，“让别人失望”在所难免。

心理锦囊

每个人都是一朵绽放的花，

却常常怀疑自己配不上春天的赞美。

请学会善待自己。

庆祝每一次成长，

也拥有让别人失望的勇气。

总是“戏精上身”：表演型人格

• 什么是表演型人格？

表演型人格者倾向于以自我为中心，具有过度寻求关注的倾向和夸张的情绪表现。

他们不一定喜欢自己这些寻求关注的行为，但他们无法控制自己不这么做。

表演型人格者是一类丢失了“核心自我”的人。他们常常沉浸在自己的“幻想剧本”中，并极易受到他人关注度的影响。

表演型人格的特征

（1）总是希望用外表来吸引注意力。比如穿过于华丽或暴露的衣服。

（2）一旦感觉自己不是被关注的焦点，就不舒服。

（3）做出不恰当的性诱惑或挑逗行为——这可能引发人际问题。

（4）夸大其词，将关系描述得比实际更深入。比如将刚认识的人称为人生知己或最好的朋友。

（5）情绪激烈且快速波动。上一秒对某件事充满向往，下一秒就觉得索然无味——但这种变化是肤浅且不真诚的。

（6）戏剧化和极端的情感表达。

（7）说话时空泛、没有细节，以肤浅的方式谈论某个对象。比如说自己喜欢一本书，但很难给出具体的原因。

（8）容易受到其他人或外界环境的暗示和影响。

小提示：
人格可被定义为我们与世界互动的特定行为模式，并不是每个人都以相同的方式或强度来表达人格中的某种倾向。

当表演型人格倾向发展到一种非常僵化和适应不良的状态时，就有可能成为表演型人格障碍。表演型人格障碍在人群中的占比为2%～3%。根据DSM-5，若要做出“表演型人格障碍”的诊断，患者需要在以上8种症状中表现出至少5种，并明显偏离社会文化规范，以致面临严重的功能损害和人际痛苦。请勿自行对号入座。

● 表演型人格的形成原因

人格是生物、心理、社会和发展因素的复杂总和，表演型人格的形成也是如此。

1 基因遗传影响

父母会将一部分性格气质遗传给后代，这是写在我们基因里的东西。但也有研究发现，人格受后天因素影响更大。

2 创伤应对方式

表演型人格者所展现出的一系列行为，比如对关注度的持续渴望、不恰当的性挑逗……可能是精神分析学家威廉·赖希（Wilhelm Reich）所说的一种“性格盔甲”——为了缓解人际焦虑和内部冲突而发展出的自保行为。它可能与未被处理的创伤有关。

3 某些社会文化的鼓励

在注意力经济时代，“引人关注”是一种受到鼓励的能力。

4 缺乏良好的养育环境

研究发现，缺乏边界、过度放纵，以及父母本身状态不稳定、有戏剧化倾向的家庭，更易养育出具有表演型人格的后代。

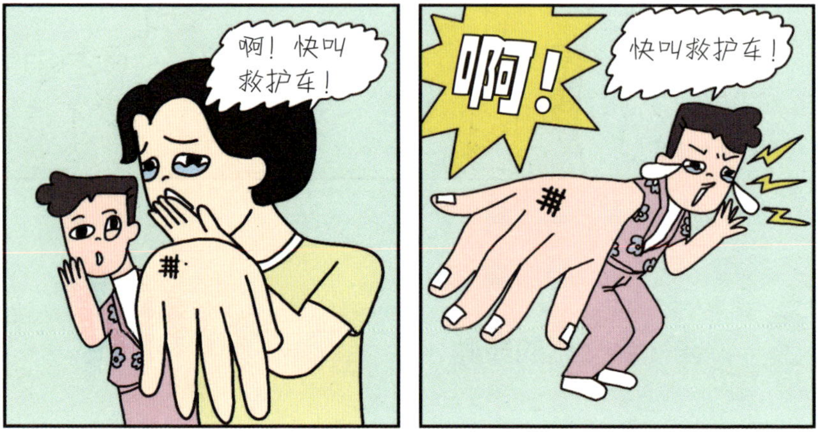

• 表演型人格的改善方法

1 觉察行为背后的情绪需求

表演型人格者夸张行为的背后，可能是一种自尊丧失的体验：“如果我不引人注目，我就没有存在的价值了。”

表演型人格者也可能存在一种快速与人建立联系的冲动，但其行为往往适得其反——强烈的情绪和不恰当的性诱惑，实际上会阻碍与他人建立亲密关系。

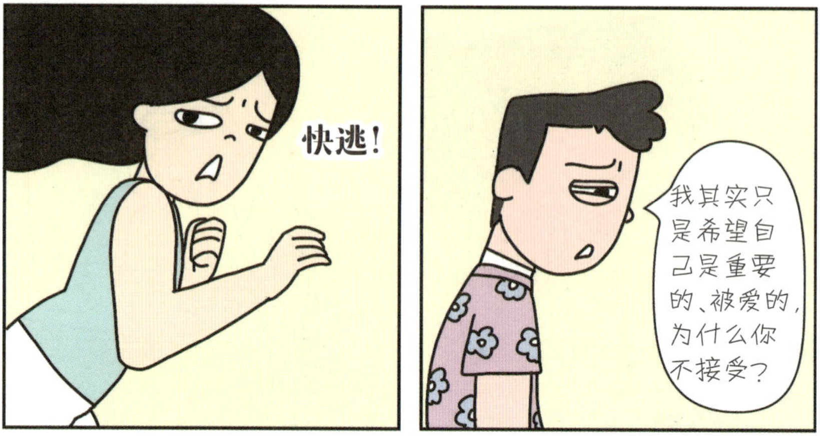

觉察自己行为背后的需求，有助于与这种倾向保持距离。

2 学习建立稳定的自我价值感，活出真实的自己

虽然表演型人格者可能会通过人际操纵等手段来获取关注，但他们的自我价值感取决于别人的眼光。即便是轻微的忽视和批评，都可能带来巨大的焦虑。

如果你发觉自己身上存在这种倾向，可以先从探索“自己究竟是谁”这个问题开始。如果独自探索太难，也可以考虑寻求专业心理帮助。

心理锦囊

我们总是希望得到别人的关注，这并不是什么错。

当某种人格倾向发展到不太适应社会常态的程度，

它会被称为一种“障碍”。

但心理学家相信，“症状”也是一种交流。

某种人格倾向的背后，隐藏的是未被看见的情绪需求。

有点腹黑，又有点迷人：暗黑人格

你有过这样的体验吗?

· 叹服于影视作品中反派角色的冷酷、为达目的不择手段;

· 幻想着把曾经看不起我的人都踩在脚下;

· 看复仇爽剧上瘾，觉得很爽。

这些，可能是内心被压抑的暗黑人格的映照。

• 传说中的"暗黑人格"是什么?

暗黑人格，又被称为"黑暗三联征"，由心理学家德尔罗伊·保卢斯(Delroy Paulhus)和凯文·威廉姆斯(Kevin Williams)在2002年提出。黑暗三联征包括三种相对阴暗的人格特质，即自恋、马基雅维利主义、精神病态。

1 自恋

以自我为中心，有优越感，希望被崇拜，有较强的表现欲和虚荣心。

2 马基雅维利主义

将他人看作工具，为达目的不择手段。

3 精神病态

缺乏共情，追求自我满足的、刺激的冲动行为。

之所以将这三个特征放在一起，是因为它们具有共同的黑暗核心：冷酷和人际操纵。具有高水平暗黑人格特质的人对他人缺乏共情，有权力感和优越感，总是通过剥削他人来获利。

但暗黑人格不是精神病学诊断，也不是某种人格的分类。专业的心理从业者不会轻易把一个人归类为“暗黑者”。因为绝大部分人身上，都或多或少有一些暗黑特质。有些人可能只有1%，有些人可能有99%。

比如：每个人都可能偶尔自命不凡，想过利用他人获得功利性的好处，偶尔也想不顾别人感受地为自己考虑一次……这些都是人们内心暗黑人格的小小的声音。

据斯科特·巴里·考夫曼（Scott Barry Kaufman）对1518个样本的调查，“极其暗黑者”在人群中只占1%～2%。他们是极端“有毒”、操纵性强、情绪失调和高度反社会的人。

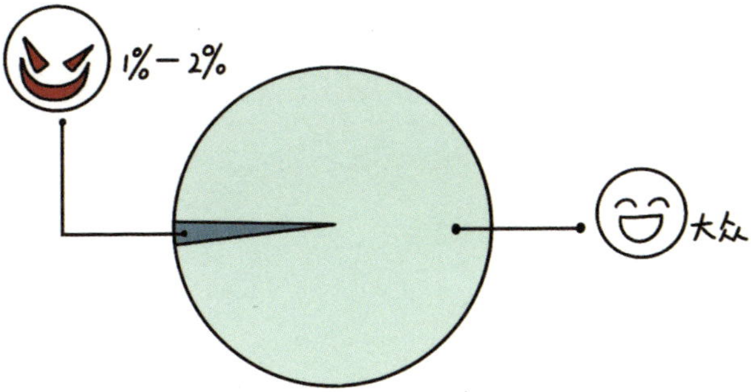

总体而言，人群向光明的一面倾斜。这和我们的朴素认知——“世上还是好人多”一致。

• 为什么有点腹黑的人，反而更迷人？

1 高暗黑人格特质者通常有很高的自尊心

他们常常会给人留下一种“迷人”和“讨人喜欢”的印象。

研究表明，高暗黑特质确实和更高的短期择偶倾向和交配成功率有关。在他们的吸引力中，自恋扮演了主要的角色。较高的自尊心使他们在初次见面时更卖力地展示自己，给人留下外向、能干、有魅力的初印象。

2 高暗黑人格特质者更愿意包装自己

他们看重自己的人际吸引力并切实付出了努力。研究表明，高暗黑人格特质者通常有更高的动机提升自我，更有可能在社交媒体上发表精修自拍照、通过约会软件来寻找潜在恋爱对象。

然而，在建立关系后，他们不愿意维持长期关系。暗黑人格特质较高的人还有可能通过撒谎来提高自己在伴侣心中的价值，并有更高的出轨率。

3 高暗黑人格特质者更有可能获得较高的社会地位

暗黑人格的出现有进化上的意义。在社会环境混乱、道德底线模糊的环境中，这种重利益甚至冷血的特征反而能让人更好地存活下来。

作为应对弱肉强食世界的一种生存策略，高暗黑人格更适配高度社会达尔文主义的环境。不难理解，这种特质将使人拥有较高的社会地位、较大的成就和权力，这可能增加了他们的吸引力。

但是，高暗黑人格特质者并不幸福。

虽然高暗黑人格特质的人更有可能成为领导，被视为有魅力的人，但他们往往无法与他人建立健康的联系，对生活的满意度低。他们身上的剥削性、权力感和自我优越感，都是维持健康亲密关系的阻碍。

尽管如此，大部分高暗黑人格者都不愿意改变自己，仍然执着于权力、财富和地位等他们认为自己需要的东西。

• 如何应对自己和他人身上的“暗黑人格”？

1 承认它，拥抱它，善用它

对于大部分普通人来说，完全摒弃或压制暗黑人格可能很难做到，也没有必要。

能够认识自己内在的黑暗面，并有能力去控制它，会使你比没有意识到它时更加强大。

对于高暗黑人格特质的个体，最重要的也是看到自己的黑暗面，并激发改变的意愿。他们可能需要思考，人生的意义究竟是不择手段凌驾于别人之上，还是过幸福、满意的生活。

2 如果不幸遇到了高水平暗黑人格特质的领导、同事、父母、伴侣……

(1) 建立明确的界限

在心里明确(或直接告诉对方)你的边界,这样可以在一定程度上保护你免受操纵。

(2) 不要将对方的负面行为,看成是在针对自己

理解和概念化这种人格特质后,你就可以明白,对方的冷漠、不合作、优越感和利用,并不一定是你的错,而是与他本人的人格特质有关。

（3）遭遇攻击时，管理自己的情绪反应

有时你会被他们的嘲讽激怒，被他们攻击得伤心欲绝，但这些痛苦很可能会成为滋养对方黑暗态度的养料。我们需要明智地选择自己的反应。这并不意味着压制或否定自己的情绪；只是在真实境遇中，我们偶尔也需要一点“见人下菜碟”的技能。

（4）及时从外界获取支持

当你深陷被剥削、操纵的境遇时，专业的支持和健康的关系会将你拉出泥潭。

心理锦囊

与其惧怕黑暗，不如点亮一根蜡烛，

照亮自己、认识自己，也保护自己。

我怎么总觉得别人话里有话？

• 什么是防御性倾听？

防御性倾听是指将中立的表达理解为人身攻击的一种倾向。当你在人际互动中感知到了威胁、敌意或批评，并以防御心态做出回应时，防御性倾听就可能发生。

这种防御反应不仅可以由说话的内容触发，也可由非语言暗示（肢体动作、语气、神态等等）触发。

有时它也涉及信息背后的“感知意图”，比如：

防御性倾听可能对人际沟通有害，也对个人成长有害。它让一个人率先在交流中“竖起了尖刺”。

• 防御性倾听的成因

美国精神分析师约瑟夫·布尔戈（Joseph Burgo）认为：心理防御，就是我们为了逃避痛苦而对自己撒的谎。

1 从本质上看，防御性倾听是一种自保的手段

它让我们保护自己远离潜在伤害，使我们坚持边界、维护自尊，并保持强烈的自我认同感。

2 “感知的威胁”不一定是真实的威胁，也可能是一种创伤经验和人格阴影

防御性倾听的触发因素可能是内心尤为敏感的议题，而这通常来自我们生命早年关系中的经验。

你是否有过与下面的场景相似的经历？

小时候，我有些烦恼，于是向最信任的父母倾吐心事，结果却被拿到亲戚聚会中公开嘲笑。

这给我造成了创伤化信念：一旦露出软肋，就会遭到“背刺”（即便对方是我的父母）。

长大后遇到中性事件：同事对我做的项目提出了改进意见。

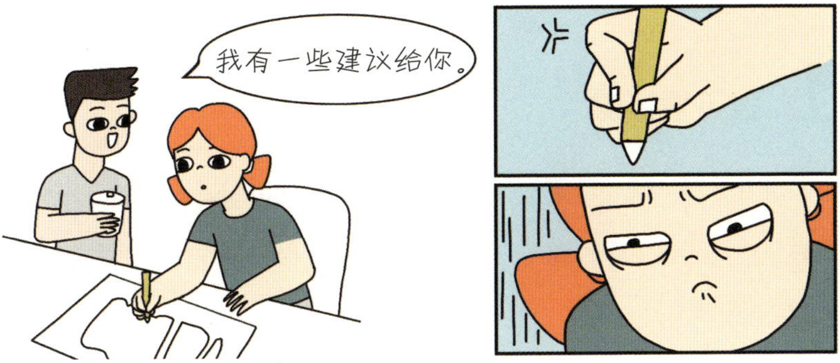

防御性倾听：他是不值得信赖的，他这么做一定是对我有敌意。

防御性倾听可能会让人愤怒、筋疲力尽，给人际交流增添焦虑。但我们或多或少都有一些这样的习惯。

● 如何降低倾听中的防御性？

1 按下暂停键

如果你被强烈的感情淹没，让自己先从谈话中退出。比如找时间去趟厕所、短暂休息一下，或通过深呼吸、正念、放慢速度，与强烈的情绪隔开一点距离。

2 避免做出假设，用平和的语气要求对方澄清意思

主动、友好地确认一下对方究竟是什么意思，这有助于我们获得真实感，化解防御性反应。尝试不带敌意地去寻求澄清，这个动作本身对沟通双方都很重要。

3 重构叙述

使用陈述来表达想法，而不是快速归因；也不要将假设、推论和潜台词，叠加到你听到、观察到的东西上。试试看：能否从另一个角度来描述那个让你感到刺痛的事实？

4 自我安抚，情绪调节

问问自己：为什么我会在这件事上变得过度防御？我要保护什么？我的底层需求是什么？

如果自我探索有困难，也可以寻求专业人士的帮助。

心理锦囊

不设防地倾听，

其实是一项很难掌握的技能。

因为人类就像一块块充满洞洞的芝士。

每个洞洞，

都是曾经的你为了自保而留下的战斗痕迹。

然而，只有对自己的“漏洞”有所觉察，

才能不让那些来自过去的暗箭

射向错误的人。

MBTI：
有点道理（但不多）

• MBTI是怎么来的？

20世纪40年代，一对名叫凯瑟琳·布里格斯（Katharine Briggs）和伊莎贝尔·迈尔斯（Isabel Briggs）的母女观察到，家庭成员们在生活态度和方式上有很大的不同。比如一个孩子喜欢独处，另一个孩子喜欢跟人打交道。

于是她们设计了一长串问题，从4个不同的维度将人分为16种类型。

这4个维度是：

1 外向（extraversion）/ 内向（introversion）

将注意力集中在外部世界
（外向型，E）

将注意力集中在内心世界
（内向型，I）

2 实感（sensing）/ 直觉（intuition）

更关注接收到的事实和细节本身（实感型，S）

更关注抽象的概念，倾向于探索想法、符号和未来的可能性（直觉型，N）

3 思考（thinking）/ 感受（feeling）

做判断时关注信息逻辑和前后一致性（思考型，T）

更关注情感和当下环境的特殊性（感受型，F）

4 判断（judging）/ 感知（perceiving）

更喜欢提前规划并按条理行事（判断型，J）

更喜欢随时更新计划，对多种可能保持开放（感知型，P）

将这4个维度进行不同的组合，就可以得到16种人格类型：

ENTJ

ENFP

INFJ

INFP

ISFJ

ISTJ

ESTJ

ESFJ

INTJ INTP ENFJ ENTP

ISFP ISTP ESTP ESFP

这对母女在制作MBTI测试题时，参考了著名心理学家卡尔·荣格（Carl Jung）在1923年提出的“心理类型”理论。

荣格推测，人们主要有3种不同的心理类型：

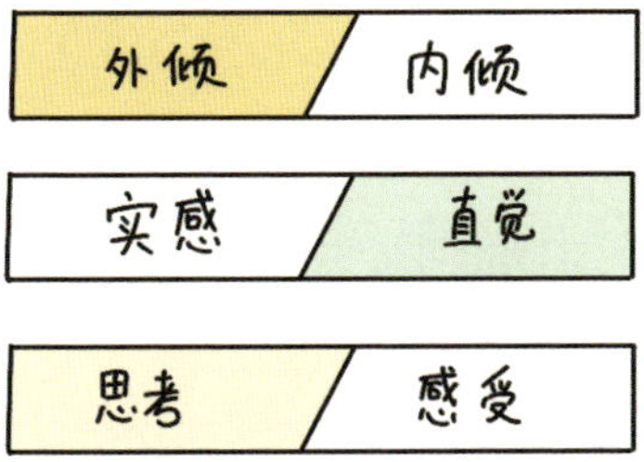

在大多数情况下，你会让每种心理类型中的一极占据主导地位，另一极发挥次要作用。判断/感知这一维度，则是这对母女后来加上的。

判断 / 感知

需要说明的是，她们并没有受过正式的心理测量学训练，只是希望创建一套有趣的语言，来解释人与人之间的差别。

有了MBTI这个标签，你要做的就是自我接纳，允许自己和对方按照本来的样子行事就好。

毕竟调和矛盾实在是太痛苦了，大家只是“生来不同”罢了。

• 从科学角度来讲，MBTI人格测试并不可信

1 MBTI测试是巴纳姆效应的一种体现

虽然MBTI测试已经成为目前最流行的性格和职业评估工具之一，但其本身缺乏科学证据的支持。

就像十二星座将人分为12类一样，MBTI测试也体现出巴纳姆效应。这是一种被验证的心理现象：人们很容易相信某种笼统的人格测试结果对自己具有特殊意义。

有研究发现，虽然MBTI并不科学，但它也具备一定的心理好处。比如：有人通过测MBTI认识自我，降低了与同伴相处时的焦虑感。

2 任何一种可靠的心理测试，都必须同时具备信度和效度

信度：重复测好几次，能得出相似的结果。

效度：实际测出来的内容，与原本想要测量的内容是相符的。

MBTI测试没有通过任何信度和效度检测。它的结果受到环境、时间和文化的影响很大。比如，我们常常会发现，在不同时间和场景中测MBTI，结果会很不一样。

入职后：

3 人格是一个连续体，不能用二分法来描述

MBTI测试最被诟病的地方，就是将人标记为一种“特定的类别”。人格其实是一个动态的连续体，并不是某种非黑即白的东西。太固化和一分为二的标签，有可能会限制人的发展，窄化自我认知。

荣格也在书里写过，提出“心理类型”的概念，本身是为了跳出固有模式的局限。比如当你发现自己主要使用S型思考时，就要多多平衡N型的视角。

曾有心理学家开玩笑：

如果MBTI可以把人分成聪明和愚钝的话，即便你是个平平无奇，既不聪明也不傻的人，你也会得到一个聪明或愚钝的标签。

● 心理学是如何进行人格测量的？

1 评估人格的方法有很多种，下面是最常见的四种

（1）自我报告的问卷

受访者自己填写问卷，根据自己的情况来打分。

最常用的是李克特量表（Likert scales），研究者会让大家根据自己的态度、感受或行为进行评分（从1分到5分）。

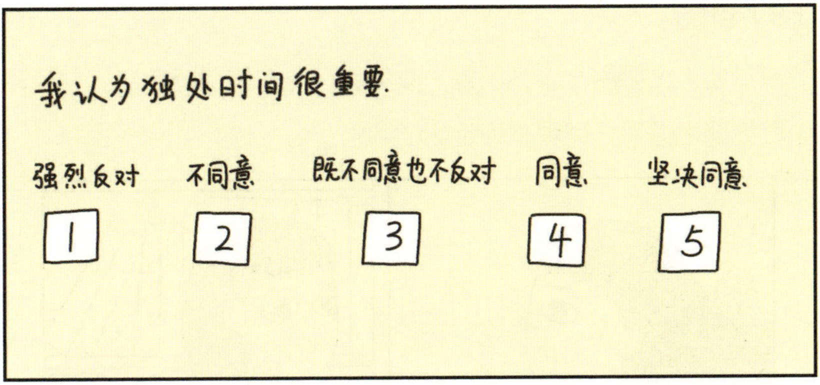

问卷中可能会设置一些反向提问，用来模糊问卷的目的，让受试者更真实地作答。

（2）行为观察

在设定的时间和环境中，受过训练的记录者会在一旁默默观察并编码一个人的特定行为。比如使用特定系统追踪受试者的表情，分析一个人的情绪状态。

（3）访谈

专业人士会用一系列问题，收集尽可能多的目标信息，并使用一套标准化的评分逻辑来确定测试结果。

这些问题经过精心设计和临床检验，比如明尼苏达多项人格测验，曾被广泛应用于临床环境中的精神病学识别，可以有效排除受试者说谎和隐瞒的可能。

（4）投射测试

由专业人士向受试者展现抽象或模糊的物体，并要求他们描述自己所看到和联想的内容。

比如瑞士精神医生赫尔曼·罗夏（Hermann Rorschach）于1921年编制的人格测验：罗夏墨迹测试。专家提供10张有墨迹的卡片，让受试者回答这些墨迹看起来像什么，以此来判断受试者的情绪和人格状态——因为在描述这些墨迹像什么时，受试者会将自己的状态投射进墨迹中。

2 目前心理学界最常用的人格测试："大五人格"测试

大五人格测试是一种对于外显特质的自我评估。主要测量人格的5个方面：

（1）开放性：对新体验和新事物的开放程度。

（2）尽责性：做事时的条理性和目标导向程度。

（3）外向性：人际交往中的社交活跃程度。

（4）宜人性：对待他人时的友善程度。

（5）神经敏感性：情绪的波动和不稳定程度。

与MBTI测试不同，大五人格评估并不会将人们的性格“分类”，而是基于一种稳定、普适和可预测的特征来描述一个人的个性。

虽然在大多数情况下，这些特征已经被证明是相对稳定的，并且在多个领域都适用，比如：

但在不同的场合和文化背景中，一个人的人格特征依旧可能会处在这个连续体的不同位置。

人格心理学是一门科学，科学的语言需要准确。虽然“大五”是用得最多的人格测试，但它并不能涵盖人格的每一方面。人格是辽阔的，远远大于少数几个可测量特征的集合。

心理锦囊

任何标签都可能有助于认识自己。

但比起MBTI，

希望你更相信自己此时此刻的感受，

也相信自己是一个动态的、变化中的、有能动性的人，

你的未来有很多种可能。